Thomas Gawehn

Kraft- und Arbeitsmaschinen

Untersuchung an einem Motor BMW M50/B25 sowie einer Pumpe Typ Heidpohl

GRIN Verlag

Bibliografische Information der Deutschen Nationalbibliothek:

Die Deutsche Bibliothek verzeichnet diese Publikation in der Deutschen National-
bibliografie; detaillierte bibliografische Daten sind im Internet über http://dnb.d-
nb.de/ abrufbar.

Impressum:

Copyright © 2009 GRIN Verlag, Open Publishing GmbH
Druck und Bindung: Books on Demand GmbH, Norderstedt Germany
ISBN: 978-3-656-19294-7

Dieses Buch bei GRIN:

http://www.grin.com/de/e-book/161494/kraft-und-arbeitsmaschinen

Thomas Gawehn

Kraft- und Arbeitsmaschinen

Laborbericht vom 28.03.2009

„Untersuchungen an einem Motor BMW M50/B25"

„Untersuchung einer Pumpe Typ Heidpohl"

Inhaltsverzeichnis

Verzeichnis der Formelzeichen, Abkürzungen und Indizes

Abb.	Abbildung
bzgl.	bezüglich
d.h.	das heißt
d	Durchmesser
Kap.	Kapitel
l	Liter
L	Länge
m	Meter
R_i	Gaskonstante
S.	Seite
SB	Studienbrief der HFH
z.B.	zum Beispiel

1 Aufgabenstellung

Diese Hausarbeit behandelt die Laborergebnisse, die im DAA-Technikum Würzburg am 28.03.2009 im Rahmen einer Studienleistung in einer Gruppenarbeit erarbeitet wurden. Sie befasst sich mit zwei Themen, die Gegenstand dieser Projektion sind:

a) Es wurde ein BMW-Motor der Entwicklungsreihe M50-N54 auf einem Prüfstand untersucht.
b) Für einen Getränkeautomaten soll ein neuer Pumpentyp auf seine Einsatztauglichkeit in diesem speziellen Fall überprüft werden.

In mehreren Messreihen werden Daten zu dem Motor / der Pumpe ermittelt, die im Nachfolgenden dann ausgearbeitet werden, d.h. es werden Diagramme, Kennlinien, Tabellen und Kontrollrechnungen dargestellt, um die Werte zu überprüfen.

Der zu untersuchende Motor ist auf einem Prüfstand montiert, der mit Messgeräten ausgestattet ist, um die Drehzahl, die Stromaufnahme an der Wiegezelle, die Wärmeleistung, die Temperaturen und die Durchflußgeschwindigkeiten zu messen.

Der Pumpenversuch ist an einer Montagewand aufgebaut, die es ermöglicht, den Strom, die Spannung, den Druck und die Förderleistung zu ermitteln.

Alles Weitere wird im konkreten Versuchsaufbau näher erläutert.

2 Untersuchungen an einem Motor BMW M50/B25

2.1 Versuchsablauf am Motorprüfstand

Der Motor wird zunächst auf Betriebstemperatur gebracht, indem er für ca. fünf Minuten bei niedriger Drehzahl läuft. Als Kontrolle der Erwärmung dient das Kühlwasser, das fortlaufend den Motor durchströmt und dabei von den Anbauteilen erwärmt wird, was zu einem spürbaren Anstieg der Temperatur führt. In diesem Zustand kann nun mit der Versuchsreihe begonnen werden.

Der Motor wird bei Teillast (=Halblast, d.h. die Drosselklappe ist halb geöffnet) in verschiedenen Drehzahlbereichen betrieben und diesen Bereichen zugehörig werden entsprechende Messwerte aufgeschrieben, die sich zusammensetzen aus:

> ➤ Drehzahl gemessen mit einem Drehzahlmesser
> ➤ Spannungsaufnahme der Wiegezelle an der Wirbelstrombremse
> ➤ Wärmeleistung, die der Motor ans Kühlwasser abgibt
> ➤ Temperatur im Vorlauf zum Motor
> ➤ Temperaturdifferenz, die in der Wirbelstrombremse entsteht
> ➤ Durchflußgeschwindigkeit des Wasser der Wirbelstrombremse

Diese Daten sind als effektiv zu betrachten und dienen der Ermittlung der Realwerte des Motors.

Hier sind die Ergebnisse zusammengetragen:

Untersuchung des Motors auf dem Prüfstand

Drehzahl	Wiegezelle	Wärmeleistung	Temperaturvorlauf	Temperaturdifferenz	Durchfluß
1000	4,5	17,95	22	8,5	1,746
2000	3,8	23,85	25,2	11,6	1,741
2500	3,2	28,71	28,3	14,8	1,764
3000	2,7	28,41	27,5	13,7	1,746
4000	1,4	33,96	29,7	16,1	1,741
in min^-1	mV	kW	°C	°C	m³/h

Abb.1: Messergebnisse[1]

---

[1] Quelle: Labordaten des Autors vom 28.03.2009, eigene Darstellung

Die Messwertangaben beschränken sich auf den Drehzahlbereich von
1.000 bis 4.000 Umdrehungen, wobei für die späteren Berechnungen
lediglich die Drehzahl von 2.500 herangezogen wurde.
Anhand der Verknüpfung der Drehzahl mit den Spannungswerten der
Kraftmessdose lässt sich eine klare Richtung verfolgen:
die Punkteverbindung stellt eine Proportionalität dar, die aufgrund kleiner
Messungenauigkeiten keine Gerade, sondern einen leichten Bogen
ergeben.

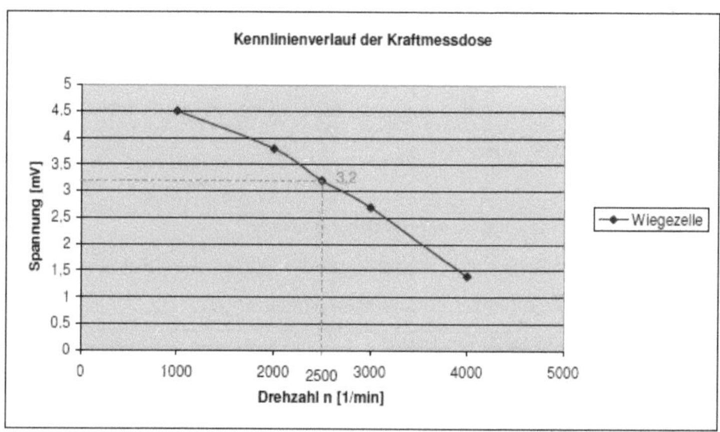

Abb.2: Diagramm der Spannungswerte[2]

Was dieses Diagramm nicht darstellt, aber in der Folge noch notwendiges
Wissen wird, ist der Leerlauf, der mit 800 Umdrehungen eine
Grundspannung von 4,7mV besitzt.

---

[2] Quelle: Labordaten des Autors vom 28.03.2009, eigene Darstellung

2.2 Vorberechnungen

Der Verbrennungsablauf von Benzinmotoren verläuft immer nach dem
gleichen Schema, das die nächste Abbildung einfach zeigt.

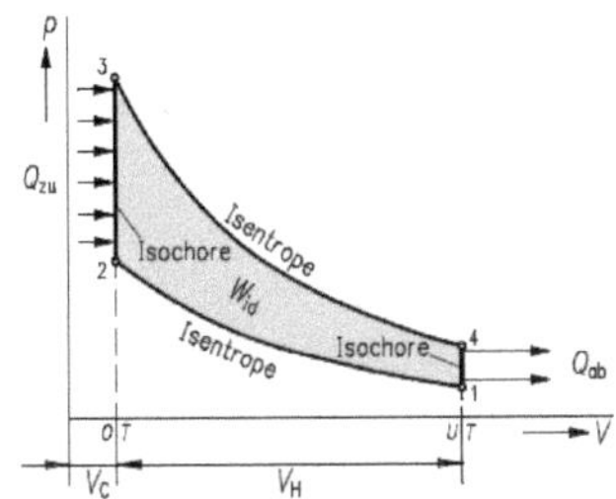

Abb.3: p,v-Diagramm[3]

Zur Heranführung an die tiefgreifenderen Berechnungen ist zunächst der
ideale Otto-Prozess bzgl. dieses Motors zu betrachten. Es werden die
folgenden Angaben benötigt:

Motor – 6 Zylinder / 4-Takt; Verdichtungsverhältnis ε=10:1;

Hubraum=2494 cm³; Ansaugdruck=0,92 bar; Ansaugtemperatur T_1 des

Gemisches=38°C; Verbrennungstemperatur T_3 =3430°C; χ=1,4;

R_i = 287J/kg*K; c_{vm} =0,716 kJ/kg*K; n_a=0,5 (bei Viertaktmotor);

H_U=43000kJ/kg; $c_{Külw}$=4,1868Kj/kg*K; $\rho_{Külw}$=1kg/l;

Kühlwassermassenstrom=0,38kg/s; $\Delta T_{Külw}$=T_{KwA}-T_{KwE}=14,8K (nach

Tabelle bei 2.500 1/min); Umgebungstemperatur T_U=293K

Um die nachstehende Tabelle zu erhalten, gilt es mehrere Rechenschritte
vorzunehmen.

	1	2	3	4
P [bar]	0,92	23,1	109,5	4,3
V [cm³]	462,2	46,2	46,2	462,2
T [K]	311	781	3703	1474

Abb.4: Zustandsgrößen Druck – Volumen - Temperatur[4]

---

[3] Quelle: Studienbrief 2 Kraft- und Arbeitsmaschinen S.29
[4] Quelle: Berechnungen des Autors, eigene Darstellung

$$V_1 = V_H + V_C$$

$$\varepsilon = \frac{V_1}{V_2}$$

$$V_1 = \varepsilon * V_2$$

$$V_2 = V_1 - V_H$$

$$V_2 = \frac{V_1}{\varepsilon}$$

$$V_H = V_1 - \frac{V_1}{\varepsilon}$$

$$V_H = V_1(1 - \frac{1}{\varepsilon})$$

$$V_1 = \frac{V_H}{(1 - \frac{1}{\varepsilon})}$$

$$V_H = \frac{2494\,cm^3}{6\,Zylinder} \approx 416\,cm^3$$

$$V_1 = \frac{416\,cm^3}{0,9} = \underline{\underline{462,22\,cm^3}}$$

$$V_2 = \frac{V_1}{\varepsilon} \qquad V_2 = \frac{462,22\,cm^3}{10} = \underline{\underline{46,22\,cm^3}}$$

$$\varepsilon = \frac{V_1}{V_2} = \frac{V_H + V_C}{V_C} = \frac{V_H}{V_C} + 1 = (\frac{p_2}{p_1})^{\frac{1}{\chi}} = \frac{p_2^{\frac{1}{\chi}}}{p_1^{\frac{1}{\chi}}}$$

$$p_2^{\frac{1}{\chi}} = \varepsilon * p_1^{\frac{1}{\chi}}$$

$$p_2 = (\varepsilon * p_1^{\frac{1}{\chi}})^{\chi}$$

$$p_2 = (10 * 0,92^{\frac{1}{1,4}}\,bar)^{1,4} = \underline{\underline{23,1\,bar}}$$

$$\frac{T_2}{T_1} = (\frac{V_1}{V_2})^{\chi-1} = \varepsilon^{\chi-1}$$

$$T_2 = T_1 * \varepsilon^{\chi-1}$$

$$T_2 = 311K * 10^{0,4} = \underline{\underline{781,2K}}$$

$$\frac{T_3}{T_2} = \frac{p_3}{p_2}$$

$$p_3 = \frac{T_3 * p_2}{T_2}$$

$$p_3 = \frac{3703\,K * 23,1\,bar}{781\,K} = \underline{\underline{109,5\,bar}}$$

$$\frac{T_4}{T_1} = \frac{T_3}{T_2}$$

$$T_4 = \frac{T_1 * T_3}{T_2}$$

$$T_4 = 1474,6K$$

Als nächsten Schritt interessiert nun, wie hoch der Massenstrom des Kraftstoffs liegt. Um diesen zu erhalten bedarf es noch zusätzlicher Überlegungen.

Die Masse (auf das ideale Gas bezogen) eines Zylinderinhalts beträgt:

$$m = \frac{p_1 * V_1}{T_1 * R_i} = \frac{0,92 * 10^5 N * 462,22 * 10^{-6} m^3 * kg * K}{311K * 287 Nm * m^2} = 4,76 * 10^{-4} kg = (0,476 g)$$

Die Stöchiometrie besagt, dass bei λ=1 zur Verbrennung bei Ottomotoren 14,6 Teile Luft zu 1 Teil Kraftstoff notwendig sind. Daraus folgt:

0,476g Luft entsprechen 14,6 Massenanteilen Luft

das führt zu (0,4760/14,6)g=**0,0326g** Massenanteilen **Kraftstoff**.

$$V_{Krst} = \frac{m}{\rho_{Krst}}$$

$$V_{Krst} = \frac{0,0326 * 10^{-3} kg}{0,84 \frac{kg}{dm^3}} = 3,88 * 10^{-5} dm^3$$

Bei 2.500 Umdrehungen/Minute ergibt sich eine Zeit von 60s/2500=0,024Us für eine Umdrehung. Das führt zum erwünschten Massenstrom des Kraftstoffs von:

$$\dot{m}_{Krst} = \frac{V_{Krst}}{t} * \rho_{Krst} * n_a$$

$$\dot{m}_{Krst} = \frac{3,88 * 10^{-5} dm^3}{0,024 s} * 0,84 \frac{kg}{dm^3} * \frac{1}{2} = 0,68 * 10^{-3} \frac{kg}{s}$$

Die erzielte Arbeit des Idealprozesses ist

$$W_{id} = Q_{zu} - Q_{ab} = Q_{23} - Q_{41}$$
$$Q_{23} = m * c_{vm} * (T_3 - T_2)$$
$$Q_{41} = m * c_{vm} * (T_4 - T_1)$$

$$Q_{23} = 4,76 * 10^{-4} kg * 0,716 \frac{kJ}{kg * K} (3703 K - 781 K) = 0,995 kJ$$

$$Q_{41} = 4,76 * 10^{-4} kg * 0,716 \frac{kJ}{kg * K} (1474 K - 311 K) = 0,396 kJ$$

$$W_{id} = \underline{\underline{0,594 kJ}}$$

Der thermische Wirkungsgrad lautet

$$\eta_{th} = 1 - \frac{1}{\varepsilon^{\chi-1}}$$
$$\eta_{th} = 0,60$$

Die Motorleistung unter Idealprozessbedingungen beträgt

$$P_{id} = W_{id} * n_a * z$$

$$P_{id} = 0,594 kJ * 5900 \frac{1}{60s} * \frac{1}{2} * 6 = \underline{\underline{175 kW}}$$

Idealbedingungen bedeuten einen Wirkungsgrad von 100%, was in der
Realität unmöglich ist. Diesen Gedankenansatz vorausgesetzt bedeutet,
dass die zugeführte Energie gleich der abgeleiteten Energie ist.
Dies kann durch die Energiebilanz[5] bestätigt werden.

Idealwerte		
Drehzahl	**Drehmoment**	**Leistung**
1000	283,8	29,7
2000	283,8	59,4
2500	283,8	74,3
3000	283,8	89,1
4000	283,8	118,8
5000	283,8	148,5
5900	283,8	175,2
6000	283,8	178,2
6500	283,8	193,1

Abb.5: Verlauf der Idealwerte[6]

---

[5] siehe Kap.2.6
[6] Quelle: Berechnungen des Autors, eigene Darstellung

Beispielrechnung für 2.500 Umdrehungen

$$P_e = M_d * \omega$$

$$M_d = \frac{P_e}{\omega} = \frac{74,3 * 10^3 \frac{Nm}{s} * 60s}{2 * \pi * 2500} = \underline{\underline{283,8 Nm}}$$

Diese einzeln errechneten Idealwerte führen zu folgender Grafik.

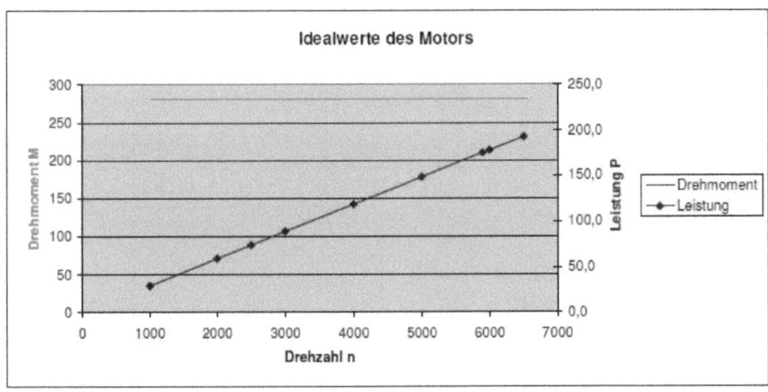

Abb.6: Diagramm der Idealwerte[7]

Die Darstellung ist natürlich nur theoretisch darstellbar, da der Motor

niemals, wenn er gerade mal knapp über die eigenen Reib- und

Wärmeverluste betrieben wird (eben bei 1.000 Umdrehungen) ohne dass

er gleich ausgeht, dass er in eben diesem Zustand bereits sein maximales

Drehmoment aufbringt. Ähnlich verhält es sich mit der Leistungskurve. Sie

wird sich nie direkt proportional als Gerade ausbilden, sondern immer in

einer Bogenform[8] verlaufen.

---

[7] Quelle: Berechnungen des Autors, eigene Darstellung
[8] siehe Diagramm für Leistung & Drehmoment

2.3 Effektivwerte

Das Drehmoment wird anhand der Spannungsdifferenz zwischen 4,7mV bei Leerlaufdrehzahl (=ohne Last) und der gemessenen Spannung bei Teillast und 2.500 1/min ermittelt. 1mV entspricht 5,2kg Belastung, die mit der Erdbeschleunigung und dem Hebelarm verrechnet wird, was zu folgendem Ergebnis führt:

$$M_d = (4,7 - 3,2)mV * 5,2\frac{kg}{mV} * 9,81\frac{m}{s^2} * 0,955m = 73,07\,Nm$$

$$P_e = M_d * \omega$$

$$P_e = (4,7 - 3,2)mV * 5,2\frac{kg}{mV} * 9,81\frac{m}{s^2} * 0,955m * 2 * \pi * \frac{2500}{60s * 1000} = 19,13kW$$

Drehzahl	Drehmoment	Leistung
1000	9,74	1,02
2000	43,84	9,18
2500	73,07	19,12
3000	97,43	30,59
4000	160,76	67,31
in min^-1	Nm	kW

Abb.7: Effektive Leistung / Drehmoment[9]

Der effektive spezifische Verbrauch (bei 2.500 1/min) kann nun ebenso festgestellt werden und liegt bei

$$b_e = \frac{\dot{m}_{Krst}}{P_e}$$

$$b_e = \frac{0,68 * 10^{-3}\frac{kg}{s}}{19,13kW} = 128\frac{g}{kWh}$$

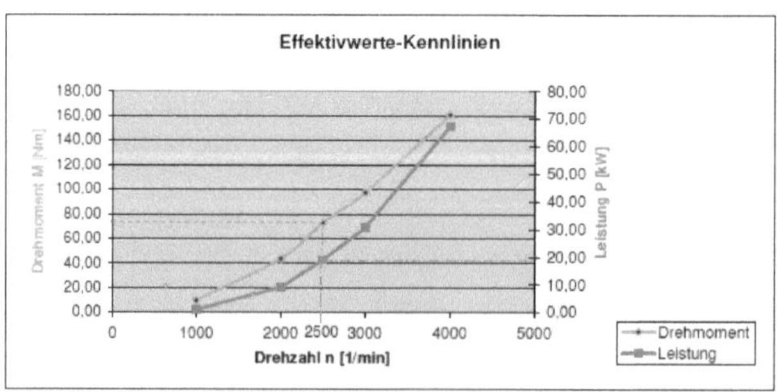

Abb.8: Kennlinienverläufe[10]

---

[9] Quelle: Berechnungen des Autors, eigene Darstellung
[10] Quelle: eigene Darstellung des Autors

2.4 Überprüfung

Der Gründlichkeit halber soll hier noch anhand eines Diagramms[11] kontrolliert werden, ob es sich bei der erhaltenen effektiven Leistung tatsächlich um einen in Frage kommenden Wert handeln kann.

Dieses Diagramm zeigt, dass der Motor M50 bei 2.500 U/min eine Leistung von ca. 83 kW erbringt. Bei einem etwaigen Wert von 23% der effektiven Leistung bestätigt sich das ermittelte Rechenergebnis von 19,13kW.

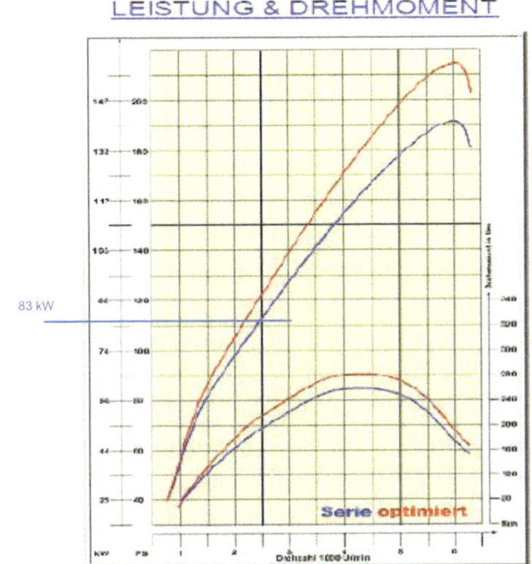

Abb.9: Leistungsdiagramm[11]

---

[11] Quelle: http://www.hs-elektronik.com/datenblatt-d/bmw-e34-525i-24v.html

2.5 Energiebilanz

Die ein- wie die austretenden Ströme sollen nun beleuchtet werden und zu weiteren Erkenntnissen führen.

$$\dot{E}_{Krst} = \dot{m}_{Krst} * H_U$$

$$\dot{E}_{Krst} = 0,68 * 10^{-3} \frac{kg}{s} * 43000 \frac{kJ}{kg} = 29,24 \frac{kJ}{s} \qquad \text{(pro Zylinder)}$$

$$\dot{E}_{ges} = 29,24 \frac{kJ}{s} * 6 = \underline{\underline{175,44 kW}}$$

Die chemische Energie des Kraftstoffs entspricht der Motorleistung des idealen Ottoprozesses[12]. Hiermit wird der **eintretende** Energiestrom voll umfänglich erfasst.

Die **austretenden** Energieströme bestehen aus

> ➢ der mit dem Kühlwasser abgeführten Energie
> ➢ dem Enthalpiestrom des Abgases
> ➢ der effektiven Leistung
> ➢ der in der Wirbelstrombremse erzeugten Wärme

Die durch Kühlwasser vom Motor abgeführte Energie wurde

nach Tabelle im Labor ermittelt: $\underline{\dot{Q}=28,71\ kW}$

Ein theoretisch errechneter Wert mit vorgegebenen Größen ergäbe

$$\dot{Q}_{K\ddot{u}lw} = \dot{m}_{K\ddot{u}lw} * c_{K\ddot{u}lw} * \Delta T_{K\ddot{u}lw}$$

$$\dot{Q}_{K\ddot{u}lw} = 0,38 \frac{kg}{s} * 4,1868 \frac{kJ}{kg * K} * 14,8 K = 23,55 \frac{kJ}{s} = \underline{\underline{23,55 kW}}$$

---

[12] siehe Kap.2.2

Der Enthalpiestrom des Abgases (c_{pAbg}=1,181 kJ/kg*K; T_{Abg}=300°C; T_0=20°C; der Abgasmassenstrom wird der Masse des Zylinderinhalts pro Zeiteinheit gleichgesetzt) ergibt

$$\dot{m}_{Abg} = \frac{m}{t} * n_a$$

$$\dot{m}_{Abg} = \frac{4,76*10^{-4}\,kg}{0,024s} * 0,5 = 9,92*10^{-3}\,\frac{kg}{s}$$

$$\dot{H}_{Abg} = \dot{m}_{Abg} * c_{pAbg} * (T_{Abg} - T_0)$$

$$\dot{H}_{Abg} = 9,92*10^{-3}\,\frac{kg}{s} * 1,181\,\frac{kJ}{kg*K} * (573K - 293K) = 3280,35\,\frac{J}{s} = 3,28kW$$

Der Beschreibung im Angabenblatt über die Funktionsweise der Wirbelstrombremse ist zu entnehmen, dass sich die Nutzleistung des Motors in zwei Komponenten aufteilt:

> zum einen die Wärmeleistung Q_{Brems} durch die innere Reibung des Wassers in der Bremse

> zum anderen das daraus resultierende Drehmoment, durch das eine Leistung abgeleitet werden kann →P_e

Somit muss hier noch die umgewandelte Wärmeleistung der Bremse bei 2.500 1/min herangezogen werden:

$$\dot{m}_{Brems} = \frac{1,746*10^3\,dm^3}{3600s} = 0,485\,\frac{kg}{s}$$

$$\dot{Q}_{Brems} = \dot{m}_{Brems} * c_{Külw} * \Delta T_{Brems} = 0,485\,\frac{kg}{s} * 4,1868\,\frac{kJ}{kg*K} * 14,8K = 30,05\,\frac{kJ}{s} = 30,05kW$$

Der restliche Wärmestrom besteht aus

$$\dot{Q}_{Rest} = \dot{E}_{Krst} - P_e - \dot{H}_{Abg} - \dot{Q}_{Külw} - \dot{Q}_{Brems}$$

$$\dot{Q}_{Rest} = 175,44kW - 19,13kW - 3,28kW - 28,71kW - 30,05kW = 94,27kW$$

Bei all diesen Betrachtungen darf der exergetische Wirkungsgrad nicht vernachlässigt werden in der Endbewertung. Wie die folgende Berechnung zeigt, finden bei der Verbrennung in diesem Motor zu 28,1% Irreversibilitäten statt.

$$\xi = \frac{1 - \left(\dfrac{p_1}{p_2}\right)^{\frac{\chi-1}{\chi}}}{1 - \dfrac{T_U}{T_3 - T_1\left(\dfrac{p_2}{p_1}\right)^{\frac{\chi-1}{\chi}}} * \ln\left[\dfrac{T_3}{T_1} * \left(\dfrac{p_1}{p_2}\right)^{\frac{\chi-1}{\chi}}\right]}$$

$$\xi = \frac{1 - \left(\dfrac{0,92}{23,1}\right)^{\frac{1,4-1}{1,4}}}{1 - \dfrac{293}{3703 - 311\left(\dfrac{23,1}{0,92}\right)^{\frac{1,4-1}{1,4}}} * \ln\left[\dfrac{3703}{311} * \left(\dfrac{0,92}{23,1}\right)^{\frac{1,4-1}{1,4}}\right]} = \frac{0,60}{1 - 0,100277 * \ln 4,74071} = \underline{\underline{0,7109}}$$

2.6 Qualitative Fehlerdiskussion

Die ermittelten Ergebnisse weisen verschiedene Unsicherheiten auf. Es wurde zwar der Enthalpiestrom des Abgases ermittelt, jedoch blieb die Enthalpie der angesaugten und verdichteten Luft unberücksichtigt. Ein Teil der Abgase wird bei jeder Verbrennung zur Einstellung des Gemischs wieder mit eingebracht, was sich bei diesen Berechnungen aber nicht mit einbringen ließ.

Der auffallend hohe Wert für den Restwärmestrom setzt sich aus mehreren Komponenten zusammen:

> ➢ Der Motor gibt über seine große Oberfläche viel Wärme an die Umgebungsluft ab.
>
> ➢ Die Reibarbeit, die die sechs Kolben an den Zylinderlaufflächen produzieren, setzt der abzugebenden Leistung einen Widerstand entgegen, der sich ebenfalls in Wärme und Leistungsverlusten niederschlägt.
>
> ➢ Weitere Wärmeabgabe erfolgt ans Motorenöl, das zusätzlich mit einem eigenen Kühler den Wärmestrom an die Umgebung überträgt.

Allgemein lässt sich zur Wärmebilanz sagen, dass hier die „Drittel-Regel"[13] nicht zutrifft, die besagt, dass sich die mit dem Brennstoff zugeführte Energie ungefähr gleichmäßig auf die effektive Leistung, die Kühlwärme und die im Abgas enthaltene Energie verteilt. Zusätzlich verzerrt sich durch den Abgasturbolader das Leistungsspektrum, der spezifische Verbrauch und der Wärmehaushalt.

Teilweise gilt noch zu berücksichtigen, dass die Luftgemischbildung nur mit Luft (als ideal) gerechnet wurde, was an den tatsächlichen Zustand nur bedingt rankommt. Es ist als Annäherung zu betrachten, um den Prozess eher von der qualitativen Seite abschätzen zu können.

---

[13] Quelle: Dubbel – P Kolbenmaschinen, S.13

Bezugnehmend auf die Stöchiometrie muss erwähnt werden, dass „ein wirtschaftlicher Betrieb des Ottomotors eine Anpassung von λ (bei Teillast) unter 1 (mageres Gemisch) verlangt."[14]

Der Idealprozess bezieht sich rein auf das ideale Gas und lässt die Kraftstoffkomponente und die Abgase, die wieder eingesetzt werden, außer Ansatz, womit weitere Unbekannte auftreten.
Die Effektivwerte des Motors weichen von den Idealwerten dergestalt ab, dass z.B. die Stellung der Nockenwelle dank VANOS nicht zu erfassen ist, aber im spezifischen Verbrauch und speziell im Teillastbereich enorme Bedeutung gewinnt.

---

[14] Quelle: Dubbel – P Kolbenmaschinen, S.61

3 Untersuchung einer Pumpe Typ Heidpohl

Eine Kleinpumpe soll auf ihren Einsatzzweck in einem Getränkeautomaten überprüft werden. Da keine Daten für diese Pumpe vorliegen, werden sie in einer Versuchsreihe ermittelt.

3.1 Versuchsablauf Pumpe

Die Pumpe wird im ersten Durchgang über die Drehzahl geregelt, d.h. es werden über ein Potentiometer verschiedene Drehzahlen eingestellt und die Literleistung pro Stunde gemessen.
Im zweiten Angang erhält die Pumpe die volle Stromleistung und wird über eine Drosselsteuerung zu verschiedenen Literleistungen gebracht.

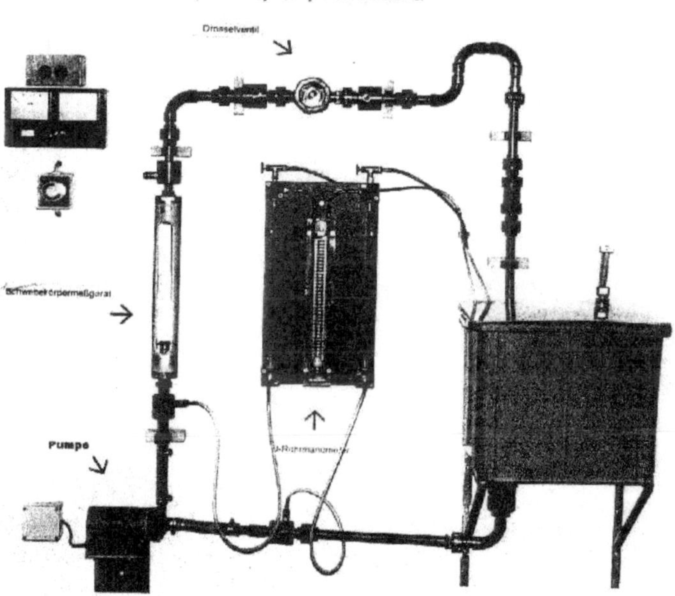

Abb.10: Pumpenprüfstand[15]

---

[15] Quelle: Fotomontage des Autors

3.2 Ermittelte Daten

3.2.1 Drehzahlregelung

Die Daten zur Ermittlung der Messwerte der Pumpe über die Drehzahlregelung sind in der Tabelle aufgezeigt.

Untersuchung der Wasserpumpe			p1	p2	$\Delta p=	p2-p1	$		P_{el}
				Differenzdruck	(U-Rohrmanometer)		
Messwerte über Drehzahlregelung	Stromstärke	Spannung	vor der Pumpe	nach der Pumpe	gesamt	Förderleistung	Leistung
	20	228	40	-45	85	68	4,56
	10	200	28	-21	49	51	2,00
	8	190	10	-20	30	49	1,52
	5	170	-18	12	30	24	0,85
	2	155	18	-21	39	15	0,31
	in mA	in V	in mbar	in mbar	in mbar	in Liter/Stunde	in kW

Abb.11: Messergebnisse der Drehzahlregelung[16]

Zugleich ist hier die elektrisch aufgenommene Leistung mit aufgeführt, die sich aus der Spannung und der Stromstärke ergibt.

$$P_{el} = U * I$$
$$P_{el} = 228V * 20A = \underline{4{,}56kW}$$

Der Differenzdruck, ermittelt über einen U-Rohrmanometer, muss noch mittels Dreisatz in die Pumpenhöhe überführt werden.

Zehn Meter Wassersäule entsprechen 1 bar Druck = 1000 mbar. Somit ergeben sich für 100 mbar Druck eine Wassersäule / Pumpendruck von einem Meter Höhe, was zur nachfolgenden Tabelle führt.

| $\Delta p=|p2-p1|$ |
| (U-Rohrmanometer) |
| gesamt |
| 0,85 |
| 0,49 |
| 0,3 |
| 0,3 |
| 0,22 |
| 0,39 |
| in m |

Abb.12: Pumpenhöhe[16]

Dieses Ergebnis wird im übernächsten Kapitel graphisch demonstriert, um den Pumpenkennlinienverlauf aufzuzeigen.

---

[16] Quelle: Labordaten des Autors vom 28.03.2009, eigene Darstellung

3.2.2 Drosselregelung

Bei der Drosselregelung wurden ebenso verschiedene Messwerte protokolliert, ausgehend von der maximalen Förderleistung (hier: 60 Liter/Std.) in mehreren Intervallen hin zu 10 Liter/Std. als geringsten Wert. Der Differenzdruck wurde am U-Rohrmanometer abgelesen, sowie die Stromstärke und Spannung ebenfalls erfasst wurden.

Untersuchung der Wasserpumpe			p1	p2	$\Delta p=\|p2-p1\|$ (U-Rohrmanometer)		P_{el}
			Differenzdruck				
Messwerte über Drosselregelung	Stromstärke	Spannung	vor der Pumpe	nach der Pumpe	gesamt	Förderleistung	Leistung
	18	228	50	-49	99	60	4,10
	17	228	62	-68	130	40	3,88
	16	228	70	-75	145	30	3,65
	15	228	80	-85	165	20	3,42
	14	228	87	-90	177	10	3,19
						0	
	in mA	in V	in mbar	in mbar	in mbar	in Liter/Stunde	in kW

Abb.13: Messergebnisse[17]

Aus den Ergebnissen konnte gleichermaßen die elektrisch aufgenommene Leistung errechnet werden.

$$P_{el} = U * I$$
$$P_{el} = 228V * 18A = 4,10kW$$

Für weitere Berechnungen wurde für η=1 Ns/m²*10^-3

bei 20°C angenommen, die Länge L=5m, d=15mm, λ=0,027 und ξ_{ges}=18

eingesetzt und folgende Reibungswerte für die Anlagenkennlinie errechnet

Δp Reibung	Δp Rohr	$\Delta p=\|p2-p1\|$ (U-Rohrmanometer) gesamt	Δp Reibung	Δp gesamt
66,96	0,012202	0,99	0,669596	0,681798
44,64	0,005423	1,3	0,446397	0,451820
33,48	0,003050	1,45	0,334798	0,337848
22,32	0,001356	1,65	0,223199	0,224554
11,16	0,000339	1,77	0,111599	0,111938
0,00	0,000000			
in mbar	in m	in m	in m	in m

Abb.14: Rechenergebnisse[17]

---

[17] Quelle: Labordaten des Autors vom 28.03.2009, eigene Darstellung

Druckverlust _ reibungsbehafteter _ Strömung

$$\Delta p_{Reibung} = \frac{8*\eta*L}{r^2} * \bar{c}$$

$$mit\_\bar{c} = \frac{\dot{V}}{A}$$

$$\Delta p_{Reibung} = \frac{8*1\frac{Ns}{m^2}*5m}{(7,5*10^{-3})^2} * \frac{60*10^{-3}\,m^3}{3600\,s*1,77*10^{-4}\,m^2} = 66,96\,mbar \equiv \underline{\underline{0,67\,m}}$$

Druckverlust _ in _ Rohrelementen

$$\Delta p_{Rohr} = \zeta * \frac{\rho}{2} * c^2$$

$$mit\_\bar{c} = \frac{\dot{V}}{A} =$$

$$\Delta p_{Rohr} = 0,027 * \frac{1\frac{kg}{dm^3}}{2} * (\frac{60*10^{-3}\,m^3}{3600\,s*1,77*10^{-4}\,m^2})^2 = \underline{\underline{0,012\,m}}$$

Nun werden zur diätischen Höhe von 1,20m noch die Druckverluste des Rohrs und der Strömung hinzugezählt, was zu $\Delta p_{ges.f.Tab.}$ (= gesamter Höhenunterschied) führt.

Δp ges.f.Tab.
1,881798
1,651820
1,537848
1,424554
1,311938
1,2
in m

Abb.15: Rechenwerte[18]

Der gesamte, zu überwindende Höhenunterschied nach dieser Tabelle (z.B.1,88m entspricht dem Volumenstrom von 60 l/std) ergibt die Anlagenkennlinie bei Drosselung.

---

[18] Quelle: Labordaten des Autors vom 28.03.2009, eigene Darstellung

3.3 Pumpenhöhe und Leistung

Das Gesamtergebnis der Pumpenprüfung wird nun nachfolgend im jeweiligen Diagramm dargestellt.

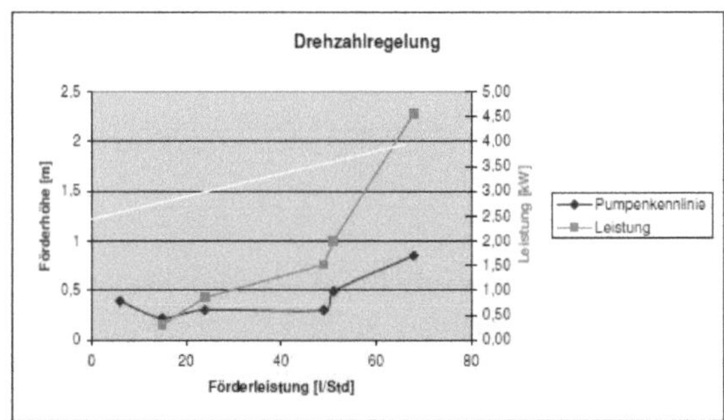

Abb.16: Drehzahlregelungsdiagramm[19]

Anhand diesen Diagramms wird sofort deutlich, dass die Drehzahlregelung für den geforderten Einsatz der Pumpe in einem Getränkeautomat untauglich ist, weil sie die Anlagenkennlinie, die von der Drosselregelung übernommen wurde, gar nicht erreicht.

Die Drosselregelung lässt sich einfacher darstellen und überzeugt durch ihr Ergebnis: Ideales Einsatzgebiet für diese Regelung!

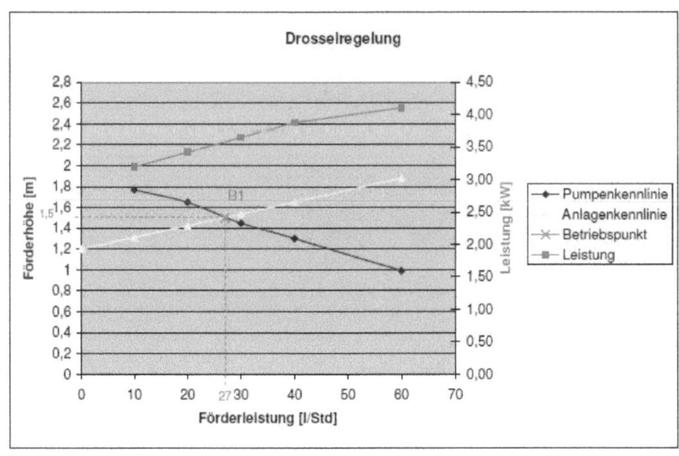

Abb.17: Drosselregelungsdiagramm[19]

---

[19] Quelle: Labordaten des Autors vom 28.03.2009, eigene Darstellung

3.4 Qualitative Fehlerdiskussion

Die Drehzahlregelungart ist zwar eine gute Alternative im Unterhalt einer Pumpe, da ihr Leistungsgrad für den Stromverbrauch generell besser liegt, als bei einer Drosselregelung. Demgegenüber stehen jedoch die höheren Kosten für einen Frequenzumrichter. Des Weiteren ist es in ihrem Fall schwerer, den Betriebspunkt auf den gewünschten Wert einzustellen, weil die Schwankungen breiter gestreut liegen.

Im Falle der Drosselungssteuerung der Pumpe kann man deutlich den Betriebspunkt erkennen, der bei einer Förderleistung von 27 Liter pro Stunde vorherrscht und eine Förderhöhe von 1,5 Meter erreicht, was den geforderten Wert von 1,2 Meter übersteigt und somit werden die Kriterien von dieser Konstellation erfüllt.

Zur Drosselung gibt es noch zu verlauten, dass die Leistungsaufnahme indirekt proportional zur Drosselung stattfindet. Je weiter die Drossel zugedreht wird, desto geringer wird die Leistungsaufnahme der Pumpe und desto höher wird der Druck, der sich beim Fahren gegen den immer mehr geschlossenen Schieber aufbaut. Von der Regelung sehr einfach und günstig zu gestalten, wenn man den Wirtschaftlichkeitsaspekt (gemeint ist der Leistungsgrad des Stromverbrauchs) außer Acht lässt. Die Drosselung wird bei Kreiselpumpen im niedrigen Druckbereich im Druckstutzen vorgenommen. Wäre die Drossel im Saugstutzen, käme es zu Kavitationsschäden und dem vorzeitigen Ausfall der Pumpe / Anlage.

4 Literaturverzeichnis

ASSMANN, B. (2007): Kraft- und Arbeitsmaschinen. Studienbrief 2:
Grundlagen, Verdichter, Dampf- und Gasturbinen, Wandler.
1.Auflage, Studienbrief der Hamburger Fern-Hochschule

ASSMANN, B. (2007): Kraft- und Arbeitsmaschinen. Studienbrief 4:
Verbrennungsmotoren, Hybride Antriebe. Studienbrief
der Hamburger Fern-Hochschule

GROTE und FELDHUSEN(2007): Dubbel - Taschenbuch für den
Maschinenbau, 22.Auflage, Berlin: Springer Verlag

FISCHER, K.-F. (2005): Taschenbuch der Technischen Formeln,
3.Auflage, Leipzig: Carl Hanser Verlag

LABUHN, D. (2009): Keine Panik vor Thermodynamik,
4.Auflage, Wiesbaden: Vieweg und Teubner Verlag

WIKIPEDIA, (2009): *http://de.wikipedia.org/wiki/Wikipedia:Hauptseite*